室内设计教程

室内绿化与水体设计

林长武 阎超 等编著

中国建筑工业出版社

图书在版编目(CIP)数据

室内绿化与水体设计/林长武，阎超等编著.—北京：中国建筑工业出版社，2010
室内设计教程
ISBN 978-7-112-12019-2

I.室… II.①林…②阎… III.室内设计—教材 IV.TU238

中国版本图书馆CIP数据核字（2010）第067759号

责任编辑：郑淮兵 彭 放
责任设计：姜小莲
责任校对：兰曼利

本书电子版同步出版，发行地址如下：
http://www.cabp.com.cn/szs.jsp?id=19275

室内设计教程
室内绿化与水体设计
林长武 阎超 等编著
*
中国建筑工业出版社出版、发行（北京西郊百万庄）
各地新华书店、建筑书店经销
北京美光制版有限公司制版
廊坊市海涛印刷有限公司印刷
*
开本：880×1230毫米 1/24 印张：$3^5/_6$ 字数：135千字
2010年8月第一版 2017年2月第二次印刷
定价：30.00元
ISBN 978-7-112-12019-2
　　　（19275）

版权所有 翻印必究
如有印装质量问题，可寄本社退换
（邮政编码 100037）

编委会成员

主编:

林长武　阎　超

编委:

符　文	张　风	肖姗姗	李德真	范　琦	王鸿燕
尹丽娜	刘首含	姚振学	王军如	赖敬红	高　革
原　彬	王麒齐	胡　晓	严世敏	舒爱华	类唯顺
毛征宁	聂　华	刘礼俊	邱勋雄	王星星	刘　阳
张清心					

前言

室内设计是室内的空间环境设计，是对建筑设计进行深化，是为构成预想的室内生活、工作、学习等必需的环境空间而进行的设计工作。室内设计不仅是考虑建筑空间的六面体问题，而且是运用多学科的知识，综合地进行多层次的空间设计。现代室内设计是根据建筑空间的使用性质和所处环境，运用物质技术手段和艺术处理手法，从内部把握空间，设计其形状和大小。为了满足人们在室内环境中能舒适地生活和活动，而整体考虑环境和用具的布置设施。是根据建筑物的使用性质、所处环境及相应标准综合运用空间组织、功能安排和室内物理学（声、光、热），以及心理学、社会学、现代装饰艺术等手段，使室内环境无论在视觉效果上，还是在使用功能上，最大程度地满足人的需要。

20世纪80年代以来，我国人民的生活水平不断提高，室内设计方兴未艾，室内设计已经越来越与人们的生活、工作密切相关，日益受到人们的高度重视。室内设计作为一门学科，亦得到了空前的发展，展现出蓬勃向上的气势。当前，室内设计进入了一个高速发展时期，大量的建筑诞生同时也诞生了更多的内部空间。因此我国急需大批优秀的室内设计人才。为帮助广大设计人员提高室内设计能力，特组织中国建筑学会室内设计分会专家、大学教授和知名设计师精心编写出这套丛书，这是作者积多年教学和设计工作的实践经验编写而成，本丛书全面系统地介绍了室内设计原理和相关知识，并配以大量图片、设计图稿，使内容更加完善、翔实。

本丛书可作为大专院校室内设计与建筑装饰专业的教学资料、教材使用，亦可作为相关专业的高级培训教材使用。此套丛书包括《室内空间设计》、《室内陈设艺术设计》、《室内绿化与水体设计》、《室内色彩设计》四本。在编著过程中，我们尽量以室内设计的基本理论与实际案例结合来阐述，并采以图片、图解资料来进行详实的剖析研究。理论和设计实践结合是本套书独特之处，值得广大读者阅读和使用。

本丛书备有电子文档，图片、图解资料丰富详尽，便于读者和设计人员查找使用，电子图书请登陆www.cabp.com.cn/szs.jsp?id=19275 查阅。

目 录

第一章　室内绿化与水体设计的作用
一、室内绿化的作用 ………… 5
二、室内绿化的分类 ………… 11
三、室内水体的作用 ………… 14
四、室内水体的分类 ………… 18

第二章　室内绿化与水体设计的理念
一、自然与文化 ………… 24
二、造型与对比 ………… 26

第三章　室内绿化与水体设计要素
一、室内绿化设计要素 ………… 29
二、室内水体设计要素 ………… 32

第四章　室内绿化与水体的设计方法
一、室内绿化设计方法 ………… 35
二、室内水体设计方法 ………… 46

第五章　室内绿化与水体的整合设计
一、室内绿化与陈设整合 ………… 53
二、室内绿化与景观整合 ………… 56
三、室内绿化与水体整合 ………… 57

第六章 室内绿化与水体应用实例

一、室内绿化的应用实例 …………………… 59

二、室内水体应用实例 …………………… 68

三、室内庭院绿化与水体应用实例 ………… 74

参考文献

第一章
室内绿化与水体设计的作用

自古及今，人类就习惯于山水之情，渴望与自然的交流与对话，这种自然之情的理想，从来没有消失过。而且，随着高科技的发展，信息时代的到来，人类居住的城市不断扩张，人们已经被重重叠叠的水泥森林所包围，渴望自然的愿望日渐强烈。

任何一个观赏宋明时期的传统中国山水画的人，都会被那悠然怡情的田园式风光所吸引，这种怡然而诗意的画卷，在传统的中国园林式建筑中，得到了充分的实现。当然，中国传统的园林式画卷中那种可游可赏可居的境界，只能设置到室外，而且要占用相当的空间，而现在人们的居住环境，却很难大面积地提供给我们进行充分的绿化与水体设计。即使是较大面积的商业场所，大部分的空间也都被琳琅满目的商品所占用，为室内空间山水之情的实现所提供的空间着实有限了，如何解决这一矛盾呢？

首先要思考的是"一草一木一世界"，于微观处见精华。宏大的空间与微观的空间其实是一个相对的概念，有限的空间完全可以展现出无限的精神世界。

室内绿化与水体的设计理念，正是基于这种精神为我们展现出高品位、高格调、低成本的居住氛围。

1 门厅一角（一）
2 门厅一角（二）
3 酒店餐厅

人类的居住环境是从无至有，从有至好，从好到质，从质到品位。随着物质生活水平的不断提高，人们对居住的环境质量要求也越来越高。从环境美化方面来讲，室内设计不仅要求突出风格形式的美，更是要求彰显个性的美。室内绿化、水体的装饰设计会影响空间的整体设计效果。充分利用大自然中的花木、山石、流水，纳入室内空间中，可以使绿化、水体的装饰与室内用品、陈设布置等整个空间环境造型融为一体，更能增添空间的景致，提高文化品位。

我们倡导空间绿化、水体设计，除了满足人的心理需求，同时使绿化与水体设计融入空间的造型，创造可居、可赏、可再生的富有生命力的生态环境。室内空间的过渡与延伸，可以充分利用门廊入口、楼梯转角、室内室外的交会处，将绿色植物、花卉、树木置于空间的界面节点处，使室内的空间环境有一个质的飞跃。同时，室内的绿化与水体会在空间的提示与指示上产生明确的导引，增加空间的视域与变化。人们现在所居住的环境、形态结构多以直线、直角形式出现，空间的视觉

4　起居室
5　某会所门前
6　某设计公司廊厅

7

8

7　某餐饮厅
8　餐厅
9　套房一角
10　壁面装饰
11　门厅处

9　　　　　　　　10　　　　　　　　11

效果坚硬多于柔软,而绿化与水体的设计则会柔化这种坚硬的空间,增强室内居住环境的曲线之美,使居住、工作、商业环境多姿而悦目,多彩而生动,大大强化环境的亲和与自然的情调。

总之,通过环境的营造表达出人的意念、情感、趣味,让人置身于自然生态之中,提高室内环境的艺术性,增强日常生活的舒适性和趣味性,从而改善人的生活质量,提高人的生活品位(图1~图15)。

12　设计公司大厅　　14　会所庭院(二)
13　会所庭院(一)　　15　会所庭院(三)

一、室内绿化的作用

1. 净化空气的作用

室内绿化是室内空间装饰的整体要素之一，不论是家居环境，还是公共空间，人们都会注意到花木的种植、摆设。花木可以单独成景，也可以搭配山石、水体、花瓶、陶艺等，造出优美的景观（图16~图22）。

在室内种养某些花卉、树木，可缓慢地吸收有害气体，达到洁净空气的效果。这类植物以芦荟、吊兰、仙人掌、常青藤、菊花、铁树、龟背竹、天竺葵、万年青、百合、月季、蔷薇、杜鹃、虎尾兰等为最佳。其中芦荟、吊兰、仙人掌、鸭趾草可吸收甲醛，菊花、常青藤、铁树可吸收苯，菊花、万年青可吸收二氯乙烯，月季、蔷薇、龟背竹、虎尾兰可吸收多种有害气体，杜鹃花可吸收放射性物质，天竺葵、柠檬含有挥发油类，有显著的杀菌作用。但绿化植物也不是越多越好，从装饰面来讲，绿化在室内空间环境中起到点缀作用和对比作用，摆多了反而有害。中国疾病预防控制中心专家

16 起居室一角

17

18

19

20

21

22

17　庭院
18　涌泉叠石
19　盆栽花卉（一）
20　盆栽花卉（二）
21　花盆造型
22　水池造型

23
24
25

23 大叶观音莲
24 发财树
25 红运当头

指出，室内养花数量不要太多，通常在12～16m²的空间里，大型观叶植物不要超过三盆。室内花多、味浓，有人会感到空气中"缺氧"，导致胸闷、憋气、呼吸困难；花粉和香味的刺激可能诱发哮喘、咽炎、过敏性鼻炎、咳嗽等；花草散发的异味可能使人烦躁、头晕、恶心、头痛；触碰植物也可能引发皮肤局部红肿、疼痛、发热、瘙痒，重者休克甚至威胁生命。绿化的数量适当，才可使环境美观、舒适，提高人的生活质量（图23～图29）。

26

27

28

29

26　金钱树
27　金钻
28　平安树
29　玉观音

30 厅堂入口处造型
31 某公共空间

2. 组织引导空间的作用

利用绿化组织空间，有分割空间、联系引导空间、突出空间重点等主要作用。

分割空间是指在如两厅室之间、厅室与走道之间以及在某大厅室内等需要分割成小空间的地方，广泛使用绿化分割空间。联系引导空间是指利用绿化的延伸，联系室内外空间，起到过渡和渗透作用。有意识地强化绿化效果，通过视线的吸引起到暗示和引导作用。突出空间重点是指在空间中的起始点、转折点、中心点、终结点等的重要视觉中心位置，放置醒目的富有装饰效果的植物和花卉，起到强化空间，突出重点的作用（图30～图35）。

3. 美化环境、陶冶情操的作用

绿色植物的形色或枝干、花叶、果实的形态是自然形成的，这是一种自然的美，显示出蓬勃向上、充满生机的力量。一定数量的植物配置使室内形成绿化空间，让人们置于自然的环境中，享受自然风光，不论工作学习生活都能心旷神怡，使人更加热爱生命，热爱自然，净化心灵，陶冶情操。

32

33

35

34

32　起居室一角
33　植物造型（一）
34　植物造型（二）
35　庭院

36 盆栽植物（一）
37 盆栽植物（二）
38 池栽植物
39 水池造景

36

37

38

二、室内绿化的分类

　　室内绿化可分为盆栽、瓶栽、池栽、壁栽、吊栽（图36～图47）。

　　人们对绿化装饰的心理分为感知、想象、情感、理解，主要是以小见大，品味大自然的和谐自在。室内绿化应结合居住者的心理、生理、审美以及视觉感受，空间环境等多方面因素制定设计方案，确定风格基调，令人悦目、赏心、怡情，使室内环境充满生命活力。

39

40

41

42

43

40 壁面植物
41 壁面植物造型（一）
42 壁面植物造型（二）
43 壁面植物造型（三）——在壁画植物造型中，应注意墙壁与植物的形状反差对比，还有它们的深浅色差对比。

44

45

46

47

44 壁面植物造型（四）
——墙壁是大面积的平面，植物则应该以点为主的设计，这样即形成点与面的结合。
45 吊栽（一）
46 吊栽（二）
47 吊栽（三）

第一章 室内绿化与水体设计的作用

三、室内水体的作用

水体除了在园林景观中造景之外，在室内空间中也是不可或缺的造景元素。室内水体造型强调亲水性，缩短人与水之间的距离，营造出文化娱乐氛围。水体的造景形式充满情趣，既有装饰作用，又有一定的休闲性质。水体造景在家居空间中具有一定的私密性与独享性，在造型和表现形式上各有特点，风格多样，文化情调因人而异。家居水体的造型大小要根据空间来定，多为小型及微型水体，讲究造型及细处的搭配与情趣，塑造出精致细腻的空间景观（图48～图50）。

通过微缩的自然造物景观，可以重新使人们感受自然世界里的诗情画意之境。对于室内空间的绿化与水体设计，要从较高的精神层面来看待。在当下的生活工作环境中，举目望去，绿色的色彩实在是少之又少，而缕缕青草、株株花卉、块块玩石都会使人们的心情舒畅，真正能够起到怡情养性的作用，使得疲劳的精神得以在高压力的现实生活中放松，从而提高人们的生活质量，满足人们的心理需求。

其实，在中国的传统哲学、禅宗、老庄思想中，水

48　楼梯处池水造景
49　壁面造景
50　水池造景

48

49

50

51

之于人的心绪心理都有很多有意义的比喻,水是虚净而柔弱的,而人的心理也是渴求虚净之状态的。当人面对平静如镜的湖水时,人的心情都会产生净化而升华的境界,就如同禅宗所描述的进入了一个禅意的世界。如果合理适宜地设计好室内的水体与绿化的结构关系,就会使人享受到这样的意境(图51～图55)。

51 池水造景(一)——水体与植物之间,要注意两者的相互交融,不要完全分割开来。

52

52 池水造景（二）
53 喷水造景

53

54

55

54 顽石流泉（一）——水体与景观顽石星星点点地分布在特定的空间里，要做到全局性地设计。
55 顽石流泉（二）

四、室内水体的分类

室内水体造景可分为池水、落水、喷水、流水。人有亲水乐水的天性，水体造景能提高家居价值及提升人的文化品位，是一种时尚装饰手段。室内水体造景不仅讲究美观，还要讲究生态、环保、节水，同时兼顾人的生活方式和休闲方式。水体、花木、饰品、家具等构成统一变化的装饰空间，创造出宁静与高贵的室内空间环境。

池水——倒影池、种植池、养鱼池；
落水——山石瀑布、斜坡瀑布、水帘、跌水；
喷水——音乐喷泉、造型喷泉、自由喷泉；
流水——直线流水、曲线流水、斜坡流水、波浪流水（图56～图59）。

56

57

56 喷泉造型
57 喷泉与跌水造型——水体造型最好要体现水体的动感。平面的池水与跌泉产生动静的呼应

58 池水造型

第一章 室内绿化与水体设计的作用

59 彩色喷泉造景

第二章
室内绿化与水体设计的理念

绿化与水体除了应用于室内环境的美化装饰外，在宾馆、餐厅、咖啡馆、茶艺馆、会议室、娱乐服务场所等地点，都会考虑绿化与水体设计。造型及表现形式都追求新奇，既要反映室内环境或富丽堂皇、或清新淡雅的风格，又要使人感到高雅、清静、亲切和热情。这些设计不仅要根据室内空间的使用功能来考虑，还要将绿化的花木和水体造型进行"人格化"，借花传情，借水寓意。

室内的绿化与水体设计是室内装饰的一部分，而且是比任何人造原材料的装饰都更有生机与魅力的。现代的楼盘、商场、餐厅、酒店的形象与质量评判，首先都是要考虑其所占绿化与水体的空间比率，如果绿化与水体的设计比率过低，一定会使其内在价值大打折扣。绿化与水体既能丰富室内的空间，也可填充一些不便于任何装饰的空间，实现室内剩余空间的美化，将这些地方构成室内总体面貌的有机组合体（图1～图5）。

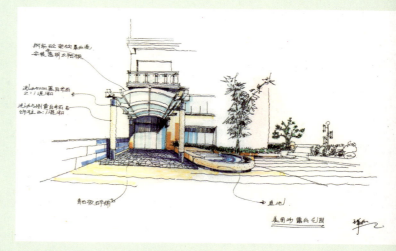

1 酒店门厅造型（设计 王军如）

2

3

4　　　　　　　　　　　　　　　　　　5

2　某套房（设计　王军如）
3　庭院池水设计方案（设计　王军如）
4　池水设计方案（一）（设计　王军如）
5　池水设计方案（二）（设计　王军如）

6 餐饮厅
7 餐饮厅门廊

  绿化与水体设计，也完全可以构成室内空间的一幅独有的山水画卷，起到点睛空间的作用，或者与室内的灯具、家具组合，形成综合性的艺术观赏区域，提升室内空间的格调（图6、图7）。

  同时，绿化与水体在较大的公共场所，如餐饮、度假酒店、专业卖场，既可以更有效地突出企业形象特色，又可以使环境或商品有一个高品格的背景空间环境。

一、自然与文化

室内空间的绿化与水体造景依据不同区域、文化、习俗、信仰等而选用具有象征意义的花木作为绿化的植物。如：

松：苍劲古雅、坚贞不屈
发财树：生意兴隆、财源滚滚
巴西铁：繁荣昌盛、高尚典雅
一品红：红红火火、永恒不变
万年青：四季常青、经久不衰
橘子：吉祥如意、招财进宝
大丽：大吉大利、优雅尊贵
玫瑰：一见钟情、爱情专一
百合：百事合心、白头偕老
竹子：高风亮节、坚忍不拔
水仙：家庭幸福、平安顺利
桃花：好运将至、时来运转
梅花：傲雪凌霜、不畏严寒
石榴：多子多福、实利实惠
君子兰：诚实忠厚、富贵华丽
康乃馨：温馨可爱、朴实纯丽

以上略举一部分具有象征意义的花木品种，说明家居绿化不仅美化生活、装饰环境、陶冶情操，在提高人的文化修养等方面也起着积极的作用。

水体造景在室内环境中不仅增加空间的层次感，还能给人以丰富的想象和愉悦。如水象征着源，源流不尽，源远流长，也意味着财源滚滚来。同时，水也意味着人们想象中的风"水"，满足人的心理需求。

池水——财宝汇集，取之不尽；
落水——从天而下，落地生财；
喷水——从地而出，落地成金；
流水——财源不断，富贵常存。

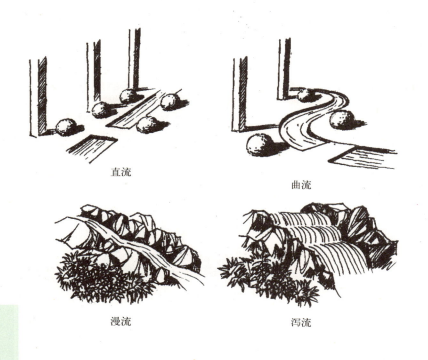

直流　　曲流

漫流　　泻流

8　水体造型

真正要做到既满足人的心理需求，又营造出优美的室内空间造型，还要根据不同功能的空间特点，业主的爱好、欣赏习惯等多种因素来综合考虑（图8）。

从纯精神层面或心理角度看，室内的绿化与水体，绝不应简单理解为可有可无。就如同人们对物质生活的追求就高不就低一样，当对室内的绿化与水体其内在精神蕴含有所深度认知后，人们都会渴望获取美好而吉祥的精神暗示性祝愿。就像我国的春节，人们都会购买与自己理想一致的植物或花卉安置于室内一样，心理的暗示，会在人们的现实活动中有积极的推动意义。

作为一个优秀的室内环境设计师，一定要对这些绿化与水体的内在寓意有一定的掌握，把美好与吉祥的祝福送给千家万户。

二、造型与对比

室内绿化与水体造景，主要是加强空间的视觉效果，把主观感情通过艺术形式，传递给人一种文化氛围。南朝刘勰在《文心雕龙》里提到："情以物迁，辞以情发"。我们通过空间具体的艺术造型，使其具有丰富的艺术内涵，给人丰富美好的享受。美的艺术造型要经过对比才能体现出来，室内的绿化与水体，从造景造型角度看，可以从两个方面来思考，形态造物的穿插与空间沟通。在南方地区，由于气候温差适宜，常运用室内外的绿化与水体穿插来贯通为一体，内引外联。利用平台、水池、植物、花卉等贯通空间，以通透的落地玻璃、花格栅栏等使空间开敞、相互渗透。从设计构成要素的角度看，也就是点、线、面的概念。空间沟通也就是借景造型、借景入室，因为室内空间的封闭或有限性，其室外景物作为室内视野的延伸，以内室观赏外室休息为设计原则。

我们将空间之中的造型要素产生对比，展现明显的差异而增加美感。如形体的虚实、大小、形状，色彩冷暖、肌理粗细、凹凸、高矮等差异，使各种形态展现各自的特质，从而加强艺术效果和视觉感染力。如当室内空间中充满块面的组合过多时，适当增加一些竹子造型的绿化组合，以凸显线与面的对比效果。方形组合过多时，增加圆形绿化造景，直线过多时，增加曲线造景绿化等等。这些方法可以使空间造型产生对比效果，以加强美感（图9～图16）。

总之，室内绿化与水体设计的目的就是在有限的居室空间内，创造一个功能齐全、美丽大方、格调高雅、富有个性和舒适的室内环境。

韵律　对比　疏密　粗细
动感　高低

9
10

9　绿化与水体造景
10　植物造型（一）
11　植物造型（二）
12　植物造型（三）

11
12

13

14

15

16

13　植物造型（四）
14　水体与植物
15　绿化造型（一）
16　绿化造型（二）

第三章
室内绿化与水体设计要素

室内绿化与水体设计实际上是室内造景设计的组成部分,不仅加强空间的装饰效果,同时也丰富空间造型的层次感。室内空间是否都进行绿化和水体设计,因人的心理需求、因空间的大小、因空间的使用功能等不同的差异来选择不同的设计。孔子曰:"知者乐水,仁者乐山"。将大自然的环境引入居住环境,将山林自然意趣渗透到居住空间之中,使人得以与自然环境相依存(图1~图3)。

一、室内绿化设计要素

室内绿化是以植物为主造景,一般以树桩造景、树石造景、花卉造景为主。其主要设计要素为:盆形(瓶形),方形(高方、中方、矮方),圆形(高圆、中圆、矮圆)及多边形。盆或瓶的形状选择根据植物的造型、树种、阴阳性植物等方面来确定。室内植物宜阴、喜湿、当瘠,如仙人掌类植物,有较强的耐干旱性。植

1 跌泉与景观造型

物造型是根据树种特征来修整的,如托层型、圆片型、自然型、掉拐型、游龙型、大树型、卧龙型、悬崖型等等。植物色彩多为绿色、紫色与黄色,与室内空间整体

2　某会所一角
3　水体与绿化造型

色调能起到一定的对比作用。而花卉色彩较为丰富，有红、黄、紫、橙、白等。色彩起到画龙点睛的作用。室内绿化的摆放位置也很重要，以不占室内面积的地方布置绿化为原则。如利用柜架、壁龛、窗台、角落、梯背、外侧及悬挂的方式布置。入口处的植物配置应该使人获得稳定感和安全感。绿色屏障在室内空间中还起到分隔功能的作用。客厅的植物品种不宜太多，以一二种植物为主景植物，再选一二种作为搭配。植物的选择要与整体空间风格相配，以植物的层次清晰、形式简洁为佳。池栽植物要考虑叶形、叶片大小、纹理与石景是否搭配协调。在书房、卧室、厨房、卫生间等空间，宜用小盆或瓶栽的芳香保健的草木花卉，使人获得宁静舒适的感觉。阳台是连接室内空间与室外空间的桥梁，利用阳台空间规划出休闲空间，随意的布局不经意地散发出内涵的涵养，无论是树木、鲜花、蔓藤植物，还是盆栽、池栽，都是阳台利用绿化与周围环境相互搭配的主要元素，植物柔化了僵硬的建筑线条，给人带来室内环境与大自然融为一体的轻松自在感。

4 某度假酒店（一）
5 某度假酒店（二）

4

家居的庭院或露台空间通常种植自然的落叶类植物，如果是单株植物，它的形体、色彩、质地、季相变化等能得到充分发挥；丛植、群植的植物通过形状、线条、色彩、质地等要素的组合以及合理的尺度，加上不同绿地的背景元素（铺地、地形、建筑物、小品等）的搭配，为景观增色，能让人在潜意识的审美感觉中调节情绪（图4、图5）。

5

单落水　双落水　三落水

独立水　高低水　疏密水

6　景观造型
7　水体造型

二、室内水体设计要素

室内水体的造景根据不同的环境有不同的设计。比如商业空间适合动感、气势的水体景观，家居环境则倾向于小巧精致的水体造型，如养鱼池、壁挂小瀑布等，既有装饰性又给人休闲的空间环境，在设计形式上各具特色、风格多样、情趣各异（图6、图7）。

8　水体造型
9　植物与水体造型

　　水体设计的造型要素主要讲求应用的组合。水体构筑物的造型、大小及水态的动感搭配要与空间的造型物形成既统一协调，又有对比的视觉效果，创造既清静悠长又富有情趣的空间景观。如养鱼池与水草或浮莲的组合，石景与小型瀑布、跌水的组合（图8、图9）。

单体喷泉、涌喷与小雕塑或小品的组合，小型的流水弯弯曲曲地与卵石的组合等，其表现形貌极其丰富（图10、图11）。

室内水体设计要善于利用自然环境中的律动效果，使水体设计恰到好处地突出室内空间环境的清幽和优美。

室内绿化与水体设计，室内的造景造物，为室内空间开辟了一个不受外界自然条件限制的、四季春常在的空间环境。

10　水体与绿化造型（一）
11　水体与绿化造型（二）

第四章
室内绿化与水体的设计方法

室内绿化美与水体美是自然美和艺术美的集中反映。有些人注重绿化,而有些人则注重水体,也有很多人利用绿化、造型物、水体综合造景,目的都是以优美的形式表现空间环境的景观,给人以柔和、愉快、刚烈之感。但是一定要切记,室内的绿化与水体设计,其设计理念一定要把"天人合一"这一人文精神予以重点考虑,因为传统中国人文精神的主体,极重人与自然的融合,这一精神,在中国传统山水画、传统园林造景造物中,都得以充分地实现。草木鸟兽多为诗人情感的象征物,常有物我两忘的意味,如何使室内的绿化与水体达到一个诗情画意的境界呢?首先就要多从美学的角度来做文章,要将绿化与水体的一景一物、一草一石,营造出某种精神品味,使之具有"天降时雨,山川出云"的诗意,尽可能使所设计的绿化与水体给人艺术的享受,并以其独特的艺术魅力影响人们的情绪,陶冶人们的情操。室内绿化与水体的设计,应重趣灵的美感,不要太追求怪异与个性。设计应当尽力体现那种约定俗成之美的标准,也就是那种具有共性之美的绿化与水体形式,这些也是人们所喜闻乐见的美的样式。其设计风格有孤峰式、重叠式、疏密式等,充分发挥、挖掘造景造物的材质之美,再辅以青山绿水的自然色彩,就会构筑成浑然天成般的美的境界。

一、室内绿化设计方法

室内绿化主要是在室内不同的空间充分利用花草、树木来装饰环境。装饰的效果如何,主要看设计的形

1　　　　　　　　　2　　　　　　　　　3

1　灯具造型（一）
2　灯具造型（二）
3　灯具造型（三）
4　墙体造型
5　池水造景

4

式。室内绿化除了单独落地布置外，还可与家具、陈设、灯具等室内物件结合布置，相得益彰组成有机整体（图1～图3）。

　　盆栽有单株和群株，单株讲究造型、比例效果，群株讲究组合的色彩效果。盆景是盆栽绿化造型中的精品，中国的盆景艺术表现重在含蓄，是园林艺术的高度浓缩和概括。具有意境美的盆景造型耐人寻味，百看不厌（图4～图6）。

5

6 植物造型
7 池水造型
8 池水景观

6

7

8

盆栽造型——盆的比例、形状与花木的倾斜度协调，盆栽造型的方法主要按原生形态因势利导，通过裁剪，培植新的形态。盆栽造型可以设计规则形态，如方形、三角形、圆形、菱形等。无规则的形态主要有树枝参差不齐，生长无序，这类形态应重点进行人工拉伸、挤压，使其造型疏密有序、方向一致，使人感受到韵律的美（图7）。

盆栽造景多运用一些形状奇特、姿态趣灵、色质俱佳的天然石块，这些精选的石料，一类是质地坚硬、不吸水分、难生苔藓的硬料，如石英、太湖石、钟乳石、斧劈石等，另一类是质地疏松、吸水分、能长苔藓的软石，如鸡骨石、芦管石、浮石等（图8～图10）。

9　室内池水景观
10　池水小品

9

10

根据所需不同材料，稍加雕琢整理，配以松竹、坪草、苔藓、小树、亭、榭、舟、桥等，构成美丽空灵的自然山水景观，尽将自然界的山水之神韵，微缩于尺方之间。

瓶栽造型——主要是以花卉或水植花木为多。水栽培的植物一般生长较快，用透明的玻璃瓶就能观察到这种生命成长的魅力。也有种爬藤植物的，造型多是一束的形态，要符合自然生长规律，方能体现自然花木之美。如是花卉为主，应该调整集中分散、高低错落，产生出各种不同形态、层次，形成独特风格的造型美。

瓶栽造型应注意各地域用花和用色的习俗，恰当选用花类和色彩。从设计角度要注意风格的取向，具体可确定为西方式的瓶栽与东方式的风格。所谓西方式就是多密集的植物花卉，注重花形花质的整体形式美和色彩美，常以块面和集群式的面貌呈现，其风格特征是热情奔放、雍容华丽、端庄大方。东方式的风格重线条意识，简洁精练以意取胜，形式灵动、变化万千，不拘于特定的规范与格式。瓶栽造型本身就是设计艺术的一种样式，也受到各种艺术风格流派的影响，如近年出现的写实风格、抽象风格、未来派风格等，其构思意象更加

11 门厅一角
12 植物造型
13 楼梯口

11　　　　　　　　　　　12

广泛自由，更具装饰性与时代感（图11、图12）。

　　池栽造型——池栽造景的空间尺方，相较其他绿化与水体模式，可控空间更大。从形态讲，池面的设计主要是平面中求变化，或方、或圆、或曲、或折、或纯自然形貌。由于池栽可用空间更大，可充分地构筑不同层面，使之变化丰富，如构筑不同的深浅，形成滩、池、潭等级差层面。室内池栽绿化一般要视其空间的大小来选择适合的造型。如是复式型的空间，应该选择在楼梯口下方，既充分利用楼梯下方空间，又不影响起居空间（图13）。

13

14

15

16

17

14　池水与绿化（一）
15　池水与绿化（二）
16　某度假酒店
17　空间绿化

　　阳光照射有助于培植，池栽绿化选择在阳台上既利于养护，又起休闲赏目之效果。池栽要因地制宜，就地取材造景，如植物与石头组合、植物与卵石组合、与陶罐组合、与海贝组合（图14、图15）。

　　利用沙土造地势，绿化与石头配景时，在石头上培育出绿苔，更显自然。地势要有起伏变化，有形有势，形成微型的园林景观。池栽的树种要根据人造池的大小，选择合适的树种。如池小，叶大的植物就会显得不协调。同时，树木的高低疏密要调整适度，才会形成优美的景观效果。而池的造型要根据周围环境的空间造型情况而定，如空间造型都是直线占多时，就应该选曲线条的造型，以形成空间的对比效果。

　　壁栽造型——室内壁栽绿化造景是以墙壁或柱壁为载体的绿化栽养造型座基（图16、图17）。

18
19

18　壁面绿化与造型
19　空间绿化与造景（设计　王军如）

制作壁挂的培植体有各式各样，有用天然碎石片固定在壁面上，有大贝壳挂置在墙体上，有用异形罐体挂置，有人工制作的装饰框挂置等等。人工制作的装饰框可以利用绿苔装饰边框，种上野草莓、仙人掌、雏菊、天竺葵、鹅毛草、常春藤、百里香、铁线蕨。需要注意的是，挂置在较高壁面的造型，植物最好是种靠吸收空气中的水分生存的气生植物，如布刺。壁栽绿化的装饰形式是比较讲究排列的，有些讲线条的排列，有些讲究高低、大小、疏密，有些分上下落差也非常优美，让人萌发无尽的喜爱（图18）。

吊栽造型——吊栽是用悬吊网或吊绳、吊篮等将绿化造型物体吊挂室内空间中。根据不同的场地，可以分别为墙角、窗前、文化墙等地方垂挂。除陶罐外，也有用贝壳、椰子壳、草球团等作栽培容器，放入沃土或花泥后种植吊兰、常春藤等，利用绿色和蔓延的特点，创造出富有变化的雅致感。有些还可以用鲜花和绿色植物来分隔房间。吊网可以简单地吊住容器，植上绿色植物，充分起到装饰作用（图19）。

借物造景——室内绿化造景不仅讲究绿色植物的造型变化,更重要的是讲究次序感、艺术感。借物造景是借用合适的造型物来丰富绿化景观的层次感和艺术感的一种方法。"借物造景"也符合我国传统园林中的"借景"、"对景"、"障景"、"框景"和"夹景",目的都是加强景的效果。《园冶》中提到"园林巧于因借,精在体宜",借景能扩大空间,丰富景致。室内的"体"在于物,绿化造景借物在于"精"。

借物造景有借自然物和借人造物。自然物配以绿色植物来陪衬室内陈设,点缀空间,给人美的感受,使人置身于大自然,使室内陈设更加生动活泼,加强层次感。自然物有鹅卵石、洞石、火山岩石、椰子壳、葫芦瓜壳、竹筒、贝壳、树根等物体。这些自然物体有其自有的材质和形态,如能搭配得自然巧妙,使景物相互渗透交融,塑造出景物一体的自然空间,使人有入诗的境界之感(图20~图24)。

20 某休闲会所
21 池水造景与绿化

20

21

22

23

24

22　空间绿化造型
23　流泉造型
24　景观池水与绿化

25

26

27

25　绿化造型（一）
26　绿化造型（二）
27　阳台植物造型设计方案（设计　阎泓任）

借用人造物来进行绿化造景是使室内绿化与空间环境产生有机联系的活动，是根据室内陈设的整体协调来考虑的。如家具是藤编系列，不妨摆上一组藤编或竹编盆套造型的绿色植物或花卉，使景物造型的样式与家具样式有着紧密联系，达到基本协调统一。现代编织工艺与植物结合，颇具生命的倔强感。绿色植物与物体形成质地的对比，折射出自然的朴素美感，予人亲切的自然情怀。人造物的品种更是丰富多彩，可以给人充分发挥的空间，有木制品、竹制品、石制品、陶制品、玻璃制品、金属制品等，人造物的造型美加上枝叶简明的植物，生命力旺盛的花草，增加室内井然有序之美（图25～图27）。

28　多层次绿化景观造型
29　多层次绿化造型
30　池水景观

因势造景——因势造景指的是根据室内陈设物的比例及背景，做适当的景物造型，整体搭配，追求景与物的和谐美与秩序美，以达到视觉上整体美。势是指整体比例氛围，借物造景的同时要讲究造景的形式和效果，如对比式，是讲求绿化景物要与整体陈设形成强烈的对比效果。室内家具是简约的造型，没有夸张的装饰成分时，绿化景物造型可借用艺术性较强及装饰夸张一点的造型物来搭配，以达到对比，增加层次、延伸艺术、演绎品位，给人以灵感的空间（图28～图30）。

而遮隐式造景则是通过绿化景物把空间中不该显露的背景或不该显露的物体隐蔽起来，如室内的楼梯角、阳台上的排水管处等，利用合适的比例来绿化造景，既美化环境又遮挡不雅之处。

二、室内水体设计方法

室内水体设计一般用在公共空间较多。而家居室内要视其空间的大小、使用功能、家居陈设的不同来设计造型的风格、大小、形式，方显出水体的自然，空间的协调统一。家居的水体多数在客厅、阳台、楼梯下方及庭园营造（图31、图32）。

水体设计的难点主要是引水、造型。引水是根据水体的造型和出水效果来确定的。如落水是将水引至高处，使其集中形成瀑布效果。流水是将水引至有落差水道的上方，使水顺势而下，形成流水效果。喷水是将水经过压力管道和喷头的特殊处理，以形成不同的喷泉效果。而池水相对容易些，只要达到蓄水、排水功能即可。

31 池水造型（一）
32 小品造型

池水造型——池水造型是根据室内空间大小、欣赏效果而选择造型物。如养金鱼、热带鱼是选用透明玻璃池，有些配以水草效果则选用大的陶罐池、人工石池、水泥池等（图33～图35）。

33　池水造型（二）
34　池水造型（三）
35　池水造型（四）——水体本身是没有色彩的，要体现艺术性的设计，就要充分利用自然材料的色彩，使水体与具有色彩的材料产生很强的视觉感染力。

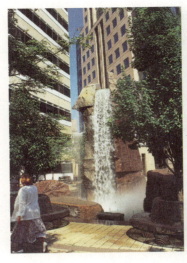

36 流泉造型（一）
37 流泉造型（二）
38 壁面流泉造型（设计 毛征宇）

造型是根据材料制作的难度而定的。如玻璃池，一般是几何形、方形、菱形、多边形。陶罐、石头、水泥池可充分发挥各种艺术性较强的造型，以增强造型的艺术视觉效果。

落水造型——自上而下的水体造型称之为落水造型，有如山石瀑布、斜坡瀑布、水帘瀑布、跌水瀑布、罐体瀑布等。水体造型可根据不同材料加以变化处理而产生不同的效果（图36、图37）。

山石造景的水体，经过不同的处理产生不同的效果。

挂罐体造景的水体，经过疏密或不同倾斜度的变化，有不同的效果（图38）。

39 喷泉造型（一）
40 喷泉造型（二）
41 跌水造型
42 池水造型

39

40

41

42

喷水造型——喷水体的造型有自下而上的垂直喷，有斜喷（交叉构成各种造型效果，适合于室外造景）。喷泉一般应用在公共空间较多，有音乐喷泉、造型喷泉、自由喷泉等，喷泉的大小效果应根据空间而定。室内喷泉不宜过大，以免影响室内湿度。喷泉的造型效果是根据喷头来定的，有点状、片状、柱状等等。整体效果要靠不同排列，喷水的高低、起伏等，产生相应的韵律感、节奏感。公共室内空间的喷泉多为利用水池造型，以利于排水。场地较大的室内广场也有平地喷泉，其排水速度是根据喷泉落地的极限而确定排水洞口的量，使落水及时排掉，以免影响极限外的地面（图39～图42）。

43

44

43　瀑布景观
44　水体造型

流水造型——室内流水处理主要是引水在有斜度的水道上端。水道下端设有一定落差的蓄水池。利用水泵抽水至水道上端，使水道的水循环流动，以产生自然流水的效果。流水的形态有直流、曲流、漫流、泻流等多种。水本身并无固定形态，室内流水造型是靠着人工设计的水道来导流的，水道的造型也就成为流水的水体造型（图43）。

借物造景——室内水体造景多为人工建造，为了使水体造景达到一种特殊效果，同样也可以借物造景，借物可以达到打破常规、标新立异的效果。借物造水景能给人视觉上产生新的造型符号，倍感时尚和趣味。水体造景的借物同样可以借自然物和人造物。自然物水景可以使人感受不同的地域文化、习惯和环境场景。像南方一带可以就地取材，如利用自然的大竹筒与鹅卵石结合制作跌水水体造型，散发出大自然的古朴韵味，似是身处大自然空间，清淡悠远，坐享四季美景。北方一些地方则可利用本地特殊的自然物体来搭配，利用葫芦瓜壳与自然的云片石结合来造水体景观，同样可以给人以自然的亲和感。

水体造景借物可以根据具体空间场景借用各种人造物体，如陶艺罐、玻璃瓶、金属体、雕塑体、石头体等，也可把自然物与人造物结合一起，进行有序的组合，体现出水体造景的艺术美，寻求轻松、和谐、回归自然美的享受。或者利用天然石头进行人工开槽引水，形成艺术的水体效果（图44～图47）。

第四章 室内绿化与水体的设计方法

45 灯具造型（一）
46 灯具造型（二）
47 水体与绿化造型

45　　　　　　46

48

49

　　因势造景——室内因势造景，一般是指除了空间大小外，还要根据空间的高度来确定水体的比例及水体的样式。如室内空间高度有6米以上，可造壁挂瀑布、跌水瀑布、水帘瀑布等水体景观，使室内空间产生动感和音感的自然韵律效果。室内空间较小的场景可用小而精的对比式水景，如水轮滚动、水球滚动、流动冲水等水体，达到对比装饰的艺术空间。需要遮挡的不雅之处则可利用遮隐式的水体造景，如水帘景、假山景观、吊挂植物水体等。更重要的是要在造型、艺术、文化上提升，形成新的意境。室内绿化和水体造景，除了美化室内环境外，主要是提高人的居住质量，达到休闲、美观、环保、文化、健康的目的（图48～图50）。

48　水体与雕塑（一）
49　水体与雕塑（二）
50　绿化造景方案

50

第五章
室内绿化与水体的整合设计

室内绿化与水体的各种整合，目的是与室内各种造型协调，增加丰富空间景观层次，具有再创自然的意境。室内造景虽是局部，却有"有真为假，做假成真"的艺术效果。整合设计是将现有资源进行巧妙的结合，使其具有自然组合的魅力。如山石与水体结合本是自然的景观，引入室内进行人工组合，就会让人得到室内空间环境中再现自然的感受。

室内绿化与水体设计，是一种自然的再创造，也是高于自然的艺术美。这是一种人与自然相和谐相关照的美的境界，通过整合绿化与水体和室内空间界面，明确主题，合理布局，分清层次，协调形态与色彩，才会使绿化与水体的布局与其他室内组成部分联系起来。这种整合性设计可以从构图、色彩、形式、形态方面考虑，整体的构图设计是整合的关键，要把握好均衡、稳定的原则，各部位的比例适度，植物的比例与水体的空间比例要有合理的安排。色彩上看，室内的植物有不同的色彩明度与饱和度，人的视觉对色彩是极为敏感的，色彩的明度、纯度在室内的绿化与水体的把握上是十分重要的，室内光线不足，空间环境色彩较重时，可选用色彩鲜明度较高的色调，这样可使室内色调清新而明快。而形式与形态就是要注重纵横交错的穿插。

一、室内绿化与陈设整合

室内空间小，绿化造型、摆设要巧妙设计，可采取与室内陈设整合。如将绿化与花几、陶艺、电视柜、文化墙、沙发、音箱等陈设布置相互整合，将那种传统的重姿态、轻色彩、孤芳自赏型风格逐步与现代追求整体美的审美观相融合（图1～图3）。

植物姿色形态是室内绿化的第一特性，往往给人第一印象。在与环境陈设相整合时，要依据不同植物的不同姿色与形态，设计出合适而完美的摆放形式，同时也要注意与植物花卉配套的盆、瓶、池的色彩，为求和谐统一完美。

1 水体与绿化设计（设计 毛征宇）
2 室内设计绿化点缀
3 室内水体与绿化（设计 王军如）

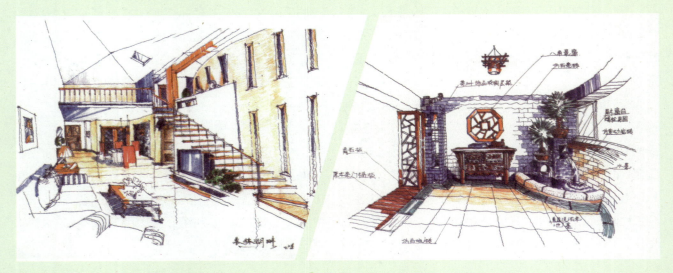

第五章 室内绿化与水体的整合设计

4 绿化造型（一）
5 绿化造型（二）
6 酒店大堂
7 池水与绿化设计方案

　　室内绿化与陈设的整合要注重人与自然的和谐统一，用人工方法改变其自然状态，强调整齐、秩序、均衡、对比、韵律的整体造型搭配及空间层次的立体美。绿化与陈设的整合不宜过多、过杂，应适宜而止，反之易引起杂乱。绿化植物要与陈设的高低搭配，要与陈设的色彩、质感形成对比等，突出空间整体美，绿化与陈设的合理整合，形成丰富多彩的空间环境美（图4～图7）。

二、室内绿化与景观整合

室内绿化与景观整合是注重绿化与各种景观造物的搭配,如室内雕塑小品、工艺饰品、石刻工艺、木刻工艺、盆景、陶艺、假山等。室内绿化因气候、阳光的变化不时会有衰退现象,但有了景观造物作为弥补,也会保持整体独特的美感。缀美于室,情趣盎然。室内绿化的造型要与造景物的比例、疏密、高低、色质等搭配自然协调。如深绿色植物应与浅色的造景物搭配,而浅绿色植物应与深色造景物搭配而产生空间感和对比效果,起到充实人们生活情调的作用。假如只简单地将植物种于盆,置物于盆,没有艺术美的创造,就难于带给人美的享受。室内绿化与景观的整合并非随意堆砌,而要尽其匠心之能,创造出神、韵、雅、巧的室内景观,使人见形而发思绪,引人入胜(图8～图10)。

8

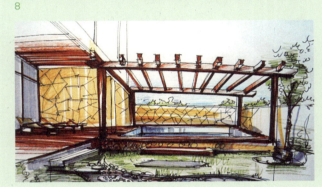

9

10

8 酒店花园(一)(设计 毛征宇)
9 酒店花园(二)(设计 毛征宇)
10 别墅庭院(设计 毛征宇)

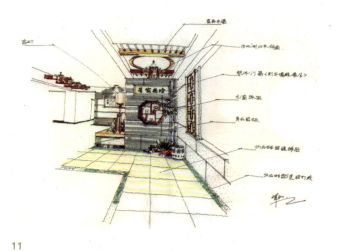

11　室内水体与绿化方案
12　室内绿化方案（设计 王军如）

三、室内绿化与水体整合

　　室内绿化与水体整合，通常以水体作为展开点，室内水体造型以点状、片状、柱状形式出现，加以绿化造型的整合，就能极大地丰富室内景观层次和内涵。

　　室内绿化造型与水体的造型整合出空间的韵律、变化、简洁、统一，创造出自然的意境。如装饰水体通常有规律的与绿化整合，台阶绿化与跌水水体整合，具有动与静的装饰感。绿化与休闲水体整合出人工的形式美，绿化与自然水体整合出山石、绿化、水体结合的自然美。室内绿化与水体整合强调人工与自然巧妙组合。

充分各种绿化造型、充分各种水体造型，顺应自然，效仿自然，在有限的室内空间中达到"做假成真"的天然情趣（图11、图12）。

　　室内绿化与水体设计除了考虑美的原则和实用原则外，经济原则也需要重点考虑。经济可行，保养长久是每个室内设计师都应注意的问题，选择合理的经济档次和标准，使室内绿化与水体设计在整个的室内空间中"软装饰"与"硬装修"完美合一（图13～图17）。

13 14

15 16

17

13 池水与绿化（一）
14 池水与绿化（二）
15 绿化造型
16 水体与绿化（一）
17 水体与绿化（二）

室内绿化与水体设计

第六章
室内绿化与水体应用实例

室内绿化与水体的设计,对初学者及应用者,应借助别人较为成功的实例,进行剖析借鉴,必会从中悟其奥妙所在,使你少走一些弯路,得到满意的结果。

一、室内绿化的应用实例

根据所设计的图例,植物绿化也应以美的原则来规划,要注意绿化植物的疏密、方圆、转折等设计元素来展现绿化与设计的概念(图1)。

不同植物有各自不同的形态造型,同时,色彩也是各异的,植物整体上的色彩整合,会有韵味无穷的自然感受(图2)。

1　室内空间的水体

2

3

4

5

2　绿化造型（一）
3　绿化造型（二）
4　绿化造型（三）
5　绿化造型（四）

高低错落构成了音乐般的视觉起伏（图3）。

亚热带的棕榈植物，线条纤细，是极为经典的装饰（图4）。

庭院之中，点缀些盆栽植物，选择那些造型美妙奇特的科目，常常也使人耳目一新（图5）。

第六章　室内绿化与水体应用实例

6

7

8

6　空间绿化
7　水体与绿化
8　植物的造型

　　绿化与环境是密不可分的一个整体，除考虑植物形态外，其生长环境本身也是重要的设计范畴。卵石、工艺品的景观的设计，也往往会有锦上添花之神工（图6）。

　　楼梯、廊前、檐下等处，往往是设计绿化概念充分实施的合适空间处，在这些地方，有时单纯的材料装饰，比不上绿化来得巧（图7）。

　　要注意色彩的搭配与调节，不同植物的色彩会构筑成不同的视觉效果（图8）。

9 专用光照明的水体造型

奇花异草,在室内空间的绿化中,可以起到画龙点睛的作用(图9)。

10 池水造型
11 空间绿化点缀（一）
12 空间绿化点缀（二）

10　　　　　　　　　　　　　11

绿化与空间环境的浑然天成，是室内设计师的水准的体现（图10）。

在室内空间的绿化中，阳台是一个较为特殊的空间。在这个空间中可以进行较为独立的绿化造型，使室内的绿化达到一个较高的品位境界（图11）。

高低起伏，错落穿插，永远是绿化室内空间的有效设计元素（图12）。

12

第五章　室内绿化与水体的整合设计

13

14

15

13　室内空间整体绿化方案（一）
14　室内空间整体绿化方案（二）（设计　王钦红）
15　室内空间整体绿化方案（三）

　　家居绿化的设计要考虑到绿化与现有家居空间的比例，做到整体规划，可根据植物的生长特点和植物的形象来进行点、线、面的分配和穿插（图13～图15）。

第六章 室内绿化与水体应用实例

16

17

16 空中阳台绿化方案（一）
17 空中阳台绿化方案（二）
18 起居室（一）
19 起居室（二）

18

19

　　室内的阳台设计，我们可以感受到室内设计师在有限的空间内营造出世外桃源的境界（图16、图17）。

　　所谓的绿化就是应该在居室空间里，运用2～3株的绿色植物，也完全可以点染出淡淡的诗意来（图18、图19）。

室内的绿化与饰物,如果结合得当,其意境就会顿然显现出来,该图例既实现了绿化,也产生了环境艺术的美感(图20)。

达到浑然天成的境界,是室内设计师的修养功夫。室内的绿化与空间不露痕迹的浑然一体,是美感的最终目标,该图例的空间与绿化实现了这点(图21~图23)。

20 室内一角
21 门厅绿化
22 公共空间绿化
23 艺术小品

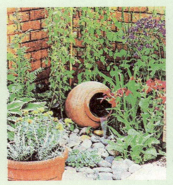

该图例的绿化与材料质地构成了一幅室内的自然韵味的景观（图24）。

绿色植物在室内空间中，必然要有承载物，绿色植物与天然的卵石或天然的其他石料往往是设计师喜欢同时选用的材料（图25、图26）。

24　壁面绿化艺术造型
25　池水与绿化
26　起居室壁面绿化

24

25

26

27　风格性艺术小品　　29　某设计艺术公司（一）
28　植物造型　　　　　30　某设计艺术公司（二）

与室内一墙之隔的就是室外，如果条件可能，这部分的设计一定不要忽略（图27、图28）。

二、室内水体应用实例

通过造型设计的形态规律，就会使"水"这一无形的概念，呈现出不同的具体视觉形态（图29）。

结合不同景观小品造型，就可以使水体的形态千变万化。可以有纤细的水流、平静的镜面水体、潺潺的溪流等形态各异的水体（图30）。

27　　28

29

30

31　　　　　　　　　　　　　32

33　　　　　　　　　　　　　34

31　池水造型（一）
32　池水造型（二）
33　池水造型（三）
34　艺术小品

即使是层层的跌泉效果设计，也要使不同的断面的跌水有不同的比例（图31、图32）。

如同平面设计的构成一般，就是平面的空间，也应考虑到在平面内的构成变化（图33）。

水体本身是无色彩概念的，但水体可以凭借有色彩变化的装饰材料，而呈现出丰富的色彩变化（图34）。

35

36

构筑水体的设计,首先要思考的还是要借助于水体环境的设计。叠石与跌水,是一个硬币的两面,两者缺一不可,互为助动(图35)。

水体环境的设计,也要考虑主控的环境材料与辅助的环境材料,该水体环境的主控材料为木质,石材则作为点缀补充(图36)。

水体本身是无形无态的,但设计师们会将无形无态的水体设计出各种形态,这就使水体产生了丰富的形状,而不同的水体也会使人产生不同的情感(图37、图38)。

37

35 跌泉造型(一)
36 跌泉造型(二)
37 盆水造景
38 喷泉造景

38

有飞流直下式的水体，有泉涌式水体，还有水平如镜的水体（图39）。

在特定的环境中，选用天然趣味很强的容器，承载一泓清水，浑然天成的趣味会使人顿感眼前一亮（图40、图41）。

39

39　起居室水体与绿化
40　植物造景
41　空间绿化

40　　　　　　　　41

水体本身依附于特定的形态容器，才会产生情调境界（图42、图43）。

42 艺术小品
43 涌泉造型

44　　　　　　　　　　　45

在现代的居室中，室内空间总是有限的，其实水体也是一样，不在于所占空间大小，只要有意图，点滴间，就会产生别有情调的感觉（图44～图46）。

44　室内一角
45　餐饮厅的水体与绿化
46　景观与绿化

46

三、室内庭院绿化与水体应用实例

该图为三星装饰公司设计的室内水体绿化组合的景观，木质的廊桥，人工的水池，选用石盆、陶罐为容器，植以形态各异的绿色植物的，气氛温馨而悠然，整个空间荡漾着自然的和谐（图47）。

47 绿化小品

该公司的外延空间，工艺造型与绿化和水体的整合，很精心地实现了疏密的美学概念（图48～图51）。

该设计为一家室内设计公司的休闲区，在较宽域的空间中，搭建起高低错落的花坛，种植热带雨林植物，并配合水体的造型。高低的植物造型与形态各异的叶子对比，丛植、群植的形态、色彩错落有致，使空间环境充分自然律力，使人们陶醉在优美的空间中（图50）。

利用空间的出入口设计出叠层绿化，装饰以雕塑、水体并合为一体的装饰层面，散发出浓郁的热带风情，提升了空间环境的艺术品位（图51）。

48

49

50

48 池水与绿化造型
49 艺术小品
50 室内空间一角
51 某餐厅设计方案

51

利用居住空间的阳台、过道,有意地种植不同品种和色彩的植物来绿化环境,能使人每时每刻都感觉置身于自然中的美妙(图52)。

借用卵石等进行绿化,加上黄蜡石的搭配,绿色植物与石材肌理对比,更形成原始、天然之感,充满乡土气息(图53)。

通常有些植物并不被人看好,但借用艺术性较高的造型物进行组合,就会成为一个整体的艺术造型,提升室内空间艺术效果而备受欢迎(图54)。

盆栽绿化配以墙体造型,充满现代装饰意味,增强空间功能的文化品位(图55)。

52　绿化与水体造型
53　室内一角
54　艺术小品
55　某公共空间

56 室内一角
57 池水与绿化
58 休闲区造型

石材的壁面造型加上绿化的搭配，很具有空间的图腾效果，对一些需要遮拦的角落尤见效果（图56）。

在现代社会，城市建筑林立，除了小区的公共绿化绿地，个人家居空间可谓是寸土寸金，但仍然有很多公司充分在有限的空间来另辟蹊径，创造绿化空间以实现回归自然的境界。建筑设计师们在后现代时期实现的建筑设计也在充分挖掘可能的立体空间。我们可以看见，现代家居或现代公共空间的设计中，阳台的空间概念越来越受到设计师们的重视，利用阳台的空间来实现一个较为独立的系统绿化体系。海南名匠装饰设计公司的公司内部空间绿化与有限的阳台空间就是较为经典的设计案例。阳台空间成为休闲、办公、艺术观赏的绝佳施展地。该部分的设计就包含了绿化与水体的完整系统，尽管各个空间有限，但小巧精美的设计理念仍然完美地实现了（图57～图66）。

57

58

59

60

59 绿化小品
60 景观小品造型
61 空中花园
62 空中花园的装饰与绿化

61

62

第六章 室内绿化与水体应用实例

63

64

63　某度假酒店
64　池水与绿化
65　壁面绿化
66　庭院绿化与水体

65

66

67　某酒店吧台
68　某室内设计方案（设计　杨茗敏）
69　起居室

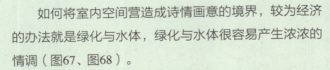

如何将室内空间营造成诗情画意的境界，较为经济的办法就是绿化与水体，绿化与水体很容易产生浓浓的情调（图67、图68）。

无论是室内的绿化还是水体的设计，其所要重点考虑的是情调，哪怕是点点滴滴的绿色，如果恰如其分，艺术的境界就会产生（图69）。

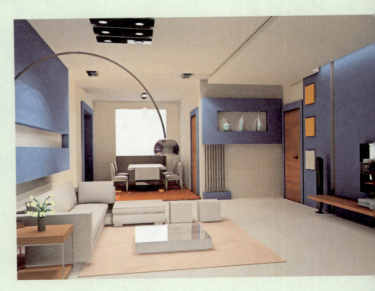

70

70　某会议厅设计方案
71　办公区设计方案

在很时尚的室内空间里，选择些绿色的植物或花卉，点缀其间，就会产生清新而愉悦的情调（图70、图71）。

71

第六章　室内绿化与水体应用实例

72
73

72　室内一角
73　植物绿化的空间（设计　高阁）
74　某共享空间
75　小品绿化

　　室内绿化与水体，无论是在室内的空间还是在室外的空间，植物本身的色彩一定要与环境的质地与材料相互衬映（图72、图73）。
　　光源对于绿化与水体也产生很富有情调的作用（图74、图75）。

74　　　　　　　　　　　75

76 艺术小品
77 喷泉与绿化
78 酒店的公共空间

　　由于植物的形态千姿百态，有的植物蜿蜒曲折，有的植物挺拔，而且每个人的喜爱也是千差万别，在绿化与水体的设计中，设计师一定要考虑到个人的情感（图76～图78）。

参考文献

1. 金涛,杨永胜著.现代城市水景设计与营建.北京:中国城市出版社,2003
2. 张纵主编.园林与庭院设计.北京:机械工业出版社,2004
3. 余静编译.室内园艺.杭州:浙江科学技术出版社,2001
4. 许聪编著.室内养花栽培与赏析.北京:中国致公出版社,2007
5. 罗玉明,黄雪贞,吴秀青编著.人文家居设计——家居环境构思个案分析.广州:广东科技出版社,2006